U0022582

我的第一本
量子物理

沙達德·凱德—薩拉·費隆／文

愛德華·阿爾塔里巴／圖

三民自然編輯小組／譯

朱慶琪／審訂

三民書局

科學°

我的第一本量子物理

文　　字	沙達德・凱德─薩拉・費隆 (Sheddad Kaid–Salah Ferrón)
繪　　圖	愛德華・阿爾塔里巴 (Eduard Altarriba)
譯　　者	三民自然編輯小組
審　　訂	朱慶琪

發 行 人	劉振強
出 版 者	三民書局股份有限公司
地　　址	臺北市復興北路 386 號 (復北門市)
	臺北市重慶南路一段 61 號 (重南門市)
電　　話	(02)25006600
網　　址	三民網路書店 https://www.sanmin.com.tw

出版日期	初版一刷 2020 年 8 月
	初版二刷 2022 年 7 月
書籍編號	S332401
I S B N	978-957-14-6846-4

Copyright © Editorial Juventud 2017
Text © by Sheddad Kaid-Salah Ferrón and illustrations © by Eduard Altarriba
Original Title: *Mi primer libro de física cuántica*
This edition published by agreement with Editorial Juventud, 2020.
Traditional Chinese copyright © 2020 by San Min Book Co., Ltd.
ALL RIGHTS RESERVED

著作權所有，侵害必究

※ 本書如有缺頁、破損或裝訂錯誤，請寄回敝局更換。

目次

幾個世紀以來，人們一直試著從可以看見、感受到的一切來理解這個世界。那些無法透過感官知覺說明的事物，像是星星或是世界的起源，就用神話或宗教來解釋。比方說，就算從一座高山的山頂上看，你也很難想像地球是圓的，或是領會宇宙的遼闊。為了得到這些結論，必須大膽運用截然不同的方式思考。

大部分的文明都相信有創世神。在印度的神話中，地球被四頭大象舉起，有一隻烏龜支撐著這四頭大象，而烏龜又依附在一隻含住自己尾巴的蛇身上。幾個世紀以來，大多數的歐洲人都相信地球是平的。

古希臘的哲學家最早提出懷疑，認為光憑我們的感覺還不夠，我們需要透過觀察、實驗和數學才能理解這個世界。西元前 2 世紀，埃拉托斯特尼已經可以算出地球的周長，過了幾個世紀之後，阿拉伯人法加尼和比魯尼也做了同樣的事。

到了中世紀末期，地球是圓形或球形的想法開始流傳。不過大多數人還是認為地球才是宇宙的中心，太陽則繞著地球轉動。到了 16 世紀，數學家／天文學家哥白尼使用天文儀器對天空進行觀測與研究，在他的模型把太陽放進我們的行星系中心。

艾薩克・**牛頓** 爵士

從 16 世紀開始，因為伽利略和牛頓等人的努力，我們開始透過科學瞭解這個世界。

為什麼蘋果會從樹上掉下來？每個人都知道東西會掉到地上，但艾薩克・牛頓 (1643–1727) 是第一個從科學角度回答這個問題的人。他根據觀察和計算，提出了萬有引力定律，解釋了為什麼東西會掉到地上、為什麼月球繞著地球公轉、行星繞著太陽公轉。

他還建立了三大運動定律（也稱為牛頓定律），解釋了物體運動的方式和原因。這些定律可以用來計算撞球的路徑，或得知把球踢進對手球門所需要的力量、方向及強度。

我們可以用古典物理學做什麼？

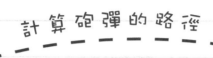
計算砲彈的路徑

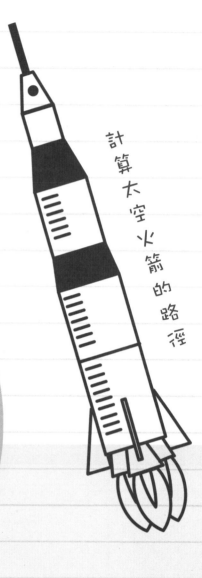
計算太空火箭的路徑

力學主宰的宇宙

到了 19 世紀末，由牛頓等科學家發現的自然法則已經可以透過數學運算解釋發生在我們世界中大多數的現象。

這些定律（或理論）就是我們所知道的古典物理學的一部分。託這些定律的福，工程、工業和天文學等領域都有了重大突破。

乍看之下，科學家們幾乎把一切事物都研究、計算出來了，但並不是所有事物都可以用古典物理學來解釋……

預測日食

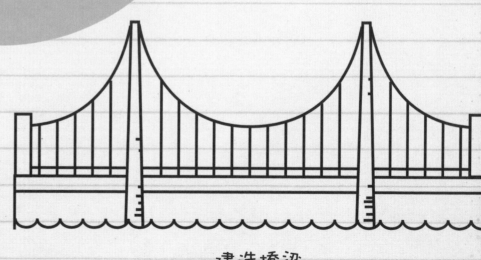
建造橋梁

問題的根源來自著名的
普朗克量子

金屬不發光，摸起來也冰冰的。如果我們加熱它，雖然一開始還是不太會發光，可是只要持續加熱，它就會開始由暗紅變成火紅，假如再繼續加熱，它甚至會發出亮白光。

科學家馬克斯·普朗克想要找出物體發出的光（一種能量）與物體溫度之間的關係，卻發現當時的理論無法完整地解釋實驗現象。經過一番思考，他發現唯一的辦法是假設這些能量是一包一包發射出來的，而這些能量小包就稱為量子。

量子是一包能量。它們不能再分割成更小的單位。

普朗克解釋了物體被加熱時為何會發光。

少量的量子

能量

我們都知道什麼是能量，但要試著描述它並不容易。
在物理學中，能量被定義為作功的能力。

能量不能被創造或被消滅，它只能在不同的形式之間轉換。

根據古典物理學，能量是連續的——意味著我們想將它們切成多小的單位就可以切成多小的單位。

但是普朗克的量子卻無法再切分，與古典物理的概念完全不同。

量子是物理學家提出的全新思維，用來詮釋超出人類生活尺度的微觀世界裡所發生的事。

但首先我們必須回來談談 光的奧祕

是波還是粒子？

回到牛頓的時代，大家對於光是由粒子還是由波組成的還在爭論不休。對牛頓來說，光是由沿著直線運動的微小粒子（他稱為光粒子）組成的。

牛頓說的光粒子沿著直線運動。

另一方面，還有很多人認為光是一種波，否則無法解釋光的繞射，也就是使光改變前進方向的現象。

光的各種現象

反射
光線從表面反彈的現象，比如在我們照鏡子的時候。

繞射
光線碰到障礙物或穿過狹縫時轉向的能力。

折射
光線從一種介質進入另一種介質時改變方向的現象。這就是為什麼當鉛筆放在裝水的玻璃杯裡看起來像折斷了一樣。

粒子是什麼？

粒子是組成物質的極小單元。

打個比方，沙粒是組成海灘的粒子。稍後我們會提到，所有物質都是由非常小的粒子所組成，這些粒子稱為原子。

馬克士威與光波

19 世紀末，詹姆斯・克拉克・馬克士威意識到可以用數學式來解釋光的行為，他認為光是由波所組成的。不過是什麼波呢？

答案是電場加磁場組成的電磁波。

光是一種波唷！

馬克士威推導出四個著名的方程式，能夠描述所有的電磁現象。

波是什麼？

當我們把石頭扔進湖中，湖面會產生同心圓的水波向外傳遞，這種傳遞擾動的現象就是波。而且波只會傳遞能量，不會傳遞物質，就像水面會上下起伏，但水並沒有隨著水波往外移動一樣。

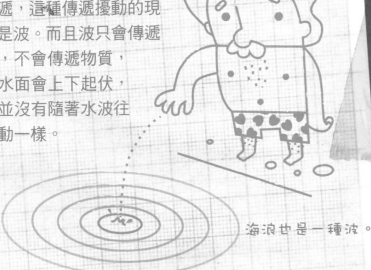

海浪也是一種波。

能量會隨著或大或小的擾動，以波的形式在空間中傳遞。

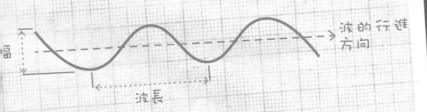

波長

波的行進方向

光的移動速度快到令人 難以置信：

這就是 光速！ 300,000 公里/秒

用這種速度，光只需要一秒鐘就可以繞行地球七圈半。

試著想像一光年有多長，這就是光在一個地球年中行進的距離！

馬克士威就這樣解決了過去「光是波還是粒子」的衝突，他決定支持光以波的形式表現。

問題似乎已經被解開，但是接下來的事情就有點複雜了……

愛因斯坦與光

1900 年，物理學家們遭遇到
另一個尚未解開的難題。

那就是可以把光轉換為電的 **光電效應**。

但是，電到底是什麼呢？

電子是帶負電的粒子，組成原子的一部分
（我們等一下會談到原子）。

嘿！

電流就是電子在物質中的運動。

光電效應
到底是什麼呢？

如果我們用一個燈泡和兩片金屬製作成一組電路，然後用紫光
照射在金屬片上，會看到燈泡跟著發亮。

會發生這種情況是因為電子從其中一片金屬跳到另一片，使得
電路導通了。

可是如果我們用紅光再做一遍，會發現電子不跳了，電流無法
流通，自然而然地，燈泡也不會亮。

為什麼使用這兩種光照射相同的電路，結果不一樣？

阿爾伯特 · 愛因斯坦 運用普朗克的量子理論，意識到如果光不是由波，而是由粒子（他稱之為光子）形成，也許就可以用以下方式解釋光電效應：

現在，光電效應在許多不同用途的設備中都可以派上用場，例如設置在電梯或商店自動門裡的感應器。它也可以讓太陽能板發電。

光子

紫光光子衝向金屬。

把電子從本來的軌道撞出去。

如果我們用紫光照射金屬，那麼紫光光子會和金屬的電子發生碰撞，一個接著一個把它們撞出去。

另一方面，紅光光子沒有足夠的能量撞開金屬中的電子，而且不管發射出多少光子都一樣。

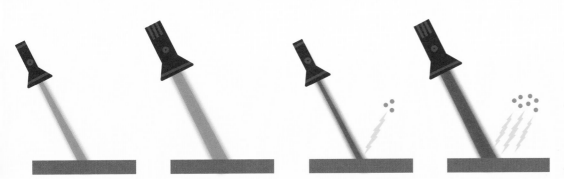

光子

光的粒子

光子是組成光的基本粒子。

光子又被稱為 **光量子**，愛因斯坦則喜歡把它們稱為 **能量子**。

光子是非常特別的粒子，因為它們沒有質量、不可分割，而且以光速行進（參第 9 頁）。

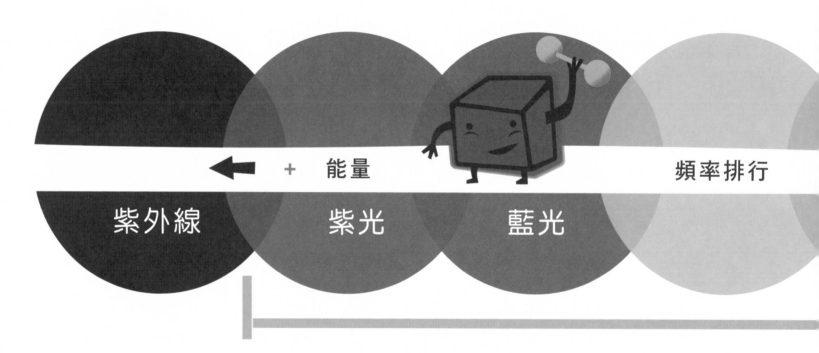

← + 能量

頻率排行

紫外線　　紫光　　藍光

頻率

光的顏色是由 **頻率** 決定的，這也是它的重要性質之一。

根據光的顏色，可以把光子分成許多類型。我們有藍光、綠光、黃光和紅光光子等等。

光子的頻率愈高，擁有愈多的能量。

藍光的頻率比紅光高，所以藍光擁有的能量比紅光多。

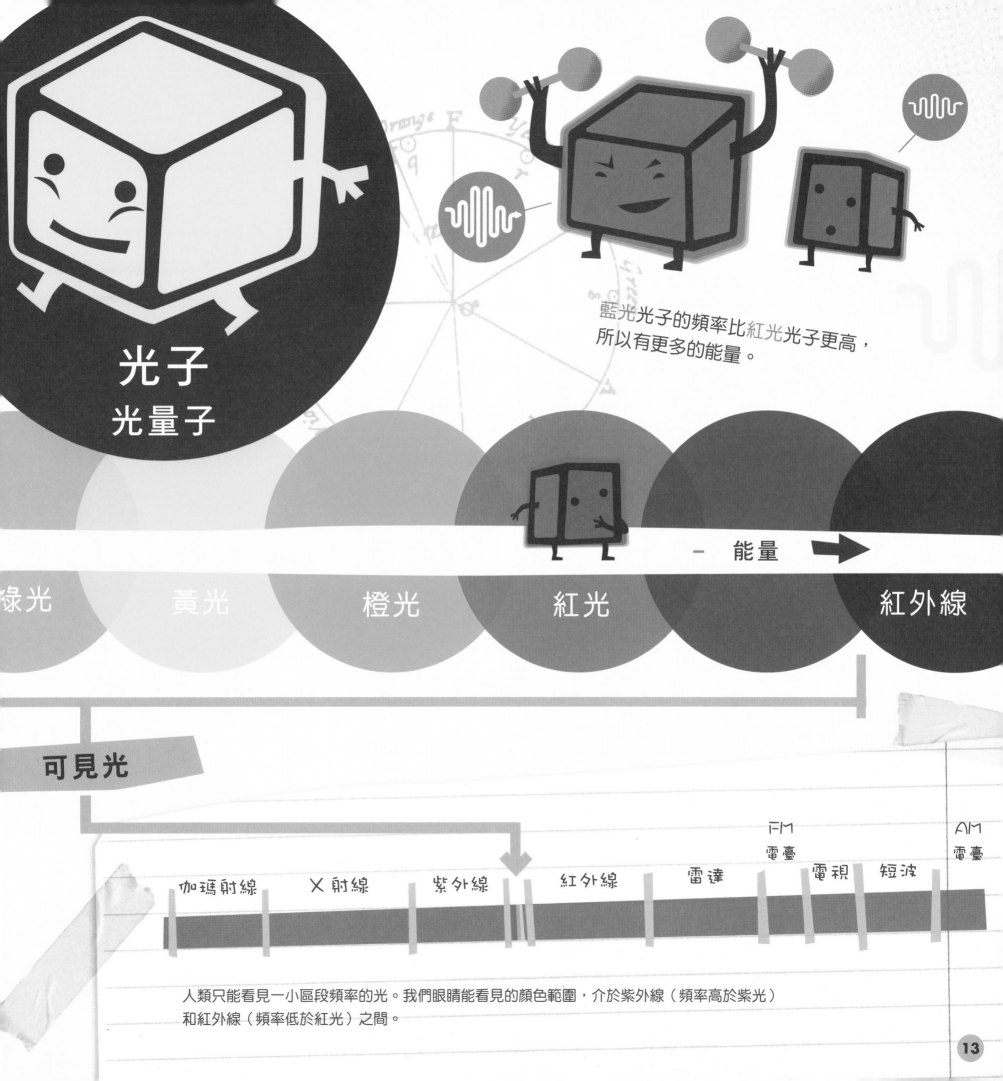

光子
光量子

藍光光子的頻率比紅光光子更高，所以有更多的能量。

綠光　　黃光　　橙光　　紅光　　　能量 →　　紅外線

可見光

伽瑪射線　　Ｘ射線　　紫外線　　紅外線　　雷達　　FM 電臺　　電視　　短波　　AM 電臺

人類只能看見一小區段頻率的光。我們眼睛能看見的顏色範圍，介於紫外線（頻率高於紫光）和紅外線（頻率低於紅光）之間。

是波還是粒子？

把光看成波，才可以解釋光的繞射現象。

——馬克士威

要解釋光電效應和光的其他現象，只有把光看成粒子才說得通。

——牛頓和愛因斯坦

還有一些現象
用兩種理論都可以解釋，比如光線沿直線
傳播（反射和折射）。

這兩個理論好像互相矛盾了。單獨來看，兩個都不能完整解釋光的所有現象，但是放在一起看卻可以。

——愛因斯坦

我們必須接受這個事實，光有時候表現得像波，但有時候又表現得像是粒子。

超怪的，不是嗎？既然這樣，又是什麼理由讓光有這兩種表現形式？

這其實要看我們用什麼方式來觀察，也就是說，光的表現形式取決於我們進行的是哪一種實驗。

光的這種古怪行為，古典物理學完全不能解釋，於是量子力學誕生了。

光的這種怪異表現就稱為

波粒二象性。

但是最不可思議的是，不只有光的粒子有這種特性，其他粒子也有波粒二象性，我們等一下就會看到。

想像一下切蛋糕

我們可以先把蛋糕切一半，再切一半，再切一半……
照這樣繼續下去，可以切到什麼地步呢？

德謨克利特
切蛋糕

希臘人提出這個問題之後，
經過了 2,000 年的時間，
物理學家才發現原子。
→

回到距今大約 2,500 年前的古希臘時代，人們就想知道物質是由什麼組成的。

有些哲學家認為，我們想把東西切得多小都可以。

還有一些人跟德謨克利特一樣，認為物質切到最後沒辦法再分成兩半。這表示物質是由不可分割的粒子組成的，他們把這些粒子取名為 **原子**（「原子」在希臘有不可分割的意思）。

拉塞福與 **原子** 結構

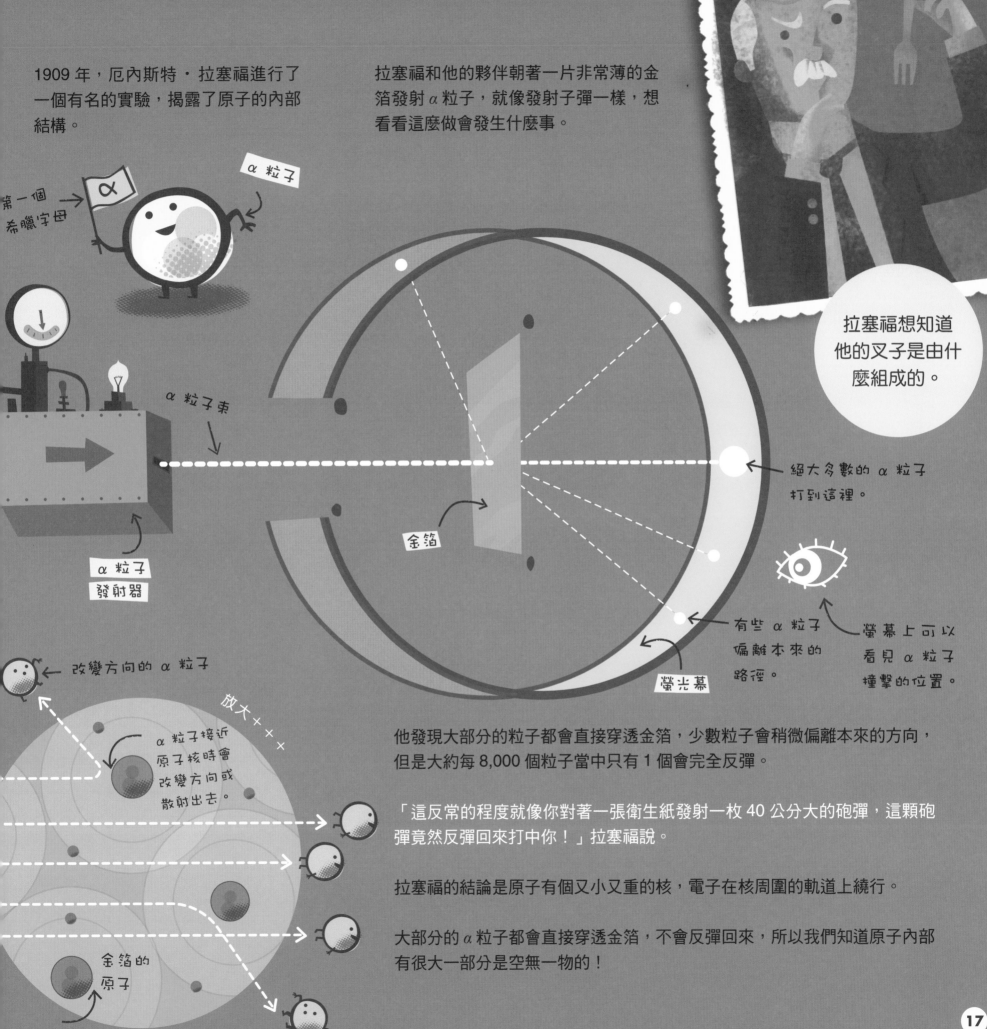

1909 年，厄內斯特・拉塞福進行了一個有名的實驗，揭露了原子的內部結構。

拉塞福和他的夥伴朝著一片非常薄的金箔發射 α 粒子，就像發射子彈一樣，想看看這麼做會發生什麼事。

他發現大部分的粒子都會直接穿透金箔，少數粒子會稍微偏離本來的方向，但是大約每 8,000 個粒子當中只有 1 個會完全反彈。

「這反常的程度就像你對著一張衛生紙發射一枚 40 公分大的砲彈，這顆砲彈竟然反彈回來打中你！」拉塞福說。

拉塞福的結論是原子有個又小又重的核，電子在核周圍的軌道上繞行。

大部分的 α 粒子都會直接穿透金箔，不會反彈回來，所以我們知道原子內部有很大一部分是空無一物的！

原子

所有物質都是由原子組成的,而原子又是由不同的粒子組成的:電子、質子和中子。

電子散布在原子核周圍,形成雲狀區域,稱為軌域。

原子中的電子個數和質子個數一樣多。

原子核由中子和質子組成。

把中子和質子聚集到原子核的力稱為強作用力。

原子核中的質子會透過電磁力吸引電子。

電子接收或釋放能量時,可以從一個軌域跳到另一個軌域。

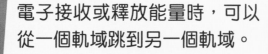

ORBITAL 1S

ORBITAL 2S

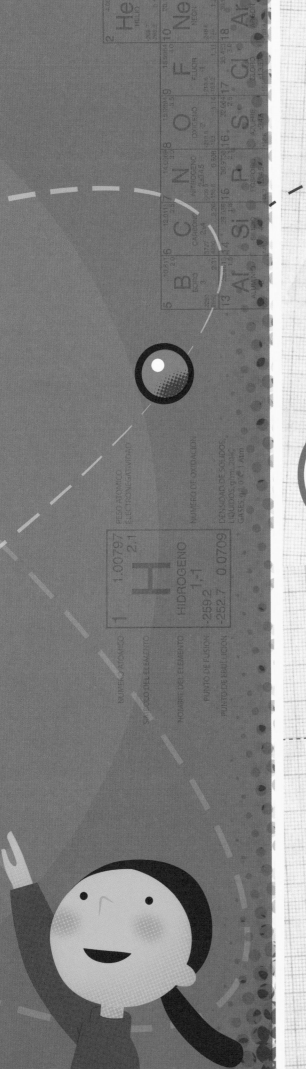

電子

很小，帶有一個 負電荷

原子核

質子
帶有一個
正電荷

中子
中 性，
不帶電

原子真正的樣子更像是這樣：

原子核

軌域不是固定的軌道，反而比較像是
一個雲狀的區域，在這個區域裡發現
電子的機會比較大。

直到前一陣子，我們還相信質子和中子
是不可分割的粒子，現在已經知道它們
其實是由更小的粒子 夸克 組成的。

天啊……

我們都是空的！

雖然我們為了更方便理解而畫出原子
的樣子，但這些圖跟原子的真實比例
差很多。如果把原子核想像成一顆
球，那麼電子跟這顆球的距離就有好
幾公里遠！

既然原子裡大
部分的地方都
沒有東西，那
麼由原子組
成的我們不
就……

是空的！

19

全都是原子組成的！

原子築起我們的世界。透過不同的原子連結，可以產生玻璃、木頭、這本書的紙張、你呼吸的空氣、你的寵物、**你的朋友、你的爸媽，還有你自己！**

所有的原子都是由 質子 、 中子 和 電子 所組成，但是原子核中的質子數量如果不一樣，原子就會不一樣。

同一種元素是由相同的原子所組成。氫原子是最輕的 元素 ，原子核中只有一個質子；而鈾是最重的元素之一，原子核中有 92 個質子。

金屬

稀有氣體

固態
液態
氣態
人造

我們已經知道的元素共有 118 種，而且還繼續發現更多……

非金屬

類金屬

元素週期表

元素有的很重，有的很輕；有的很軟，有的很硬。在室溫下，有些元素處於氣態，有些處於液態或固態。有些元素是金屬，有些不是。每種元素都是**獨一無二**的，有它自己的特性。

1869 年，**門德列夫**用一種特別的方式建立了**元素週期表**。在這個表格中，元素依照原子核內質子的數量排序，具有相似性質的元素則被放在同一族。

						2　4.0026 He 氦
5　10.81 B 硼	6　12.011 C 碳	7　14.007 N 氮	8　15.999 O 氧	9　18.998 F 氟	10　20.180 Ne 氖
13　26.982 Al 鋁	14　28.085 Si 矽	15　30.974 P 磷	16　32.06 S 硫	17　35.45 Cl 氯	18　39.948 Ar 氬
30　65.38 Zn 鋅	31　69.723 Ga 鎵	32　72.630 Ge 鍺	33　74.922 As 砷	34　78.971 Se 硒	35　79.904 Br 溴	36　83.798 Kr 氪
48　112.41 Cd 鎘	49　114.82 In 銦	50　118.71 Sn 錫	51　121.76 Sb 銻	52　127.60 Te 碲	53　126.90 I 碘	54　131.29 Xe 氙
80　200.59 Hg 汞	81　204.38 Tl 鉈	82　207.2 Pb 鉛	83　208.98 Bi 鉍	84　[209] Po 釙	85　[210] At 砈	86　[222] Rn 氡
112　[285] Cn 鎶	113　[286] Nh 鉨	114　[289] Fl 鈇	115　[289] Mc 鏌	116　[293] Lv 鉝	117　[293] Ts 鿬	118　[294] Og 鿫

65　158.93 Tb 鋱	66　162.50 Dy 鏑	67　164.93 Ho 鈥	68　167.26 Er 鉺	69　168.93 Tm 銩	70　173.05 Yb 鐿	71　174.97 Lu 鎦
157.25						

Fm 鐨 100　[257]	Md 鍆 101　[258]	No 鍩 102　[259]	Lr 鐒 103　[262]

原子中的質子數量稱為原子序，用英文字母 Z 來代表。

氫的原子核內只有一個質子，使它成為最輕的元素。

原子量

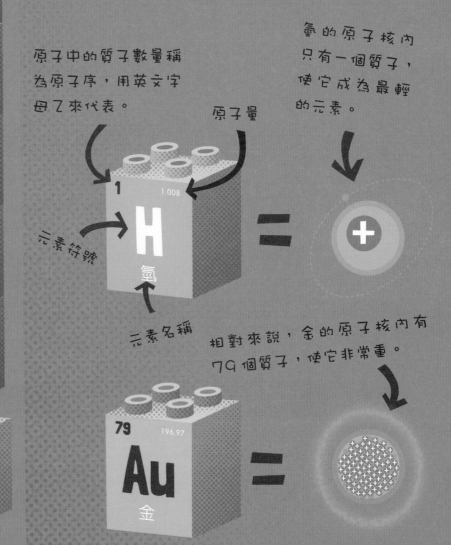

元素符號

1　1.008 H 氫

元素名稱

相對來說，金的原子核內有 79 個質子，使它非常重。

79　196.97 Au 金

別忘了，原子中的電子與原子核中的質子數量一樣多。

21

分子

把週期表中不同的元素排列組合一下，就可以得到存在於自然界中的所有物質。

這些物質大多都是原子的組合，稱為**分子**。

組成分子的原子因為失去、獲得或是共享一些特別的電子而可以連結在一起，這些電子稱為**價電子**。

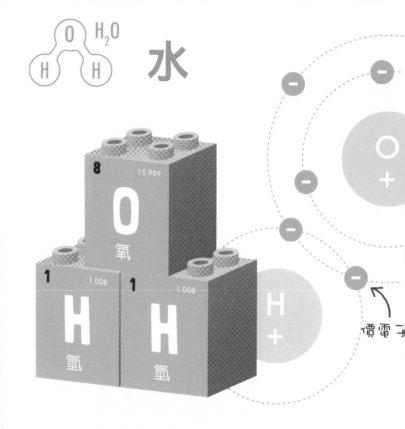

水

如果我們把一個氧原子和兩個氫原子組合在一起，就會得到一個水分子，而水就是由許多水分子聚集而成的。

我們呼吸到的氧氣是由兩個氧原子組成的分子。

化學結構套件組

臭氧

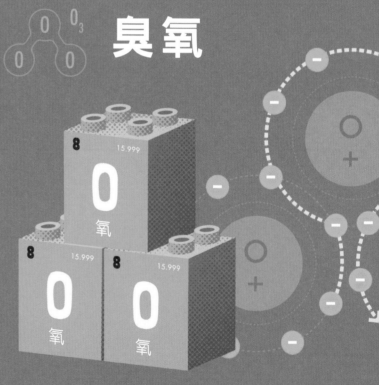

如果我們把三個氧原子組合在一起，就會得到一個臭氧分子，這是一種毒性很強的淡藍色氣體。

在一毫升的水滴裡，大約有
33,428,852,150,000,000,000,000
個水分子。

葡萄糖

$C_6H_{12}O_6$

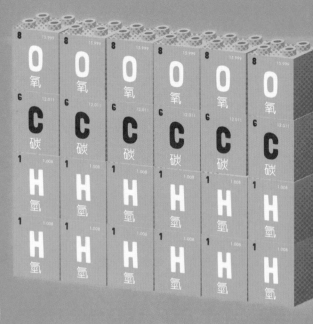

葡萄糖分子比較大，總共有
24 個原子：6 個碳原子、
12個氫原子和6個氧原子。

DNA
去氧核糖核酸

在我們細胞內的 DNA 分子比這些更大，
它們由數百萬個原子組成！

原子共享的電子總是在
外層，離原子核最遠。

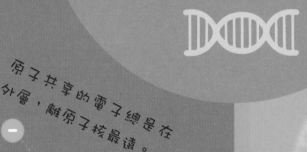

金屬比較特別，可以把
它們想像成無數金屬原
子形成的超級分子，它
們會共享所有的價電
子，變成可以自由移動
的電子雲。

鐵

電子雲

原子光譜

太陽的溫度非常高，所以會發出白光。

白光由彩虹中所有顏色的光組成，如果我們用三稜鏡觀察白光，就可以看見連續分布的色光，也就是太陽光譜。

當我們把某個原子組成的元素加熱到氣態，它會發光。

假如我們用 **三稜鏡** 分解這道光，會發現它跟太陽光不一樣，它不是連續的，而是只有幾個特定的顏色。

這就是元素的 **發射光譜**。

週期表上的每個元素都有自己的 **光譜**，而且不會跟其他元素重複。

比方說，氧的光譜就和氫的光譜不一樣。

氫的發射光譜

光譜

氧的發射光譜

如果我們分解恆星發出的光，發現有氫的光譜出現，就知道這顆恆星含有氫原子。

利用這個方法，即使我們無法到達恆星，也可以知道它由什麼元素組成。

為了得到恆星的光譜，我們會使用一種叫做

分光鏡 的儀器，它非常靈敏、精確，

但是基本上和三稜鏡的工作原理

一樣，都可以分解光線。

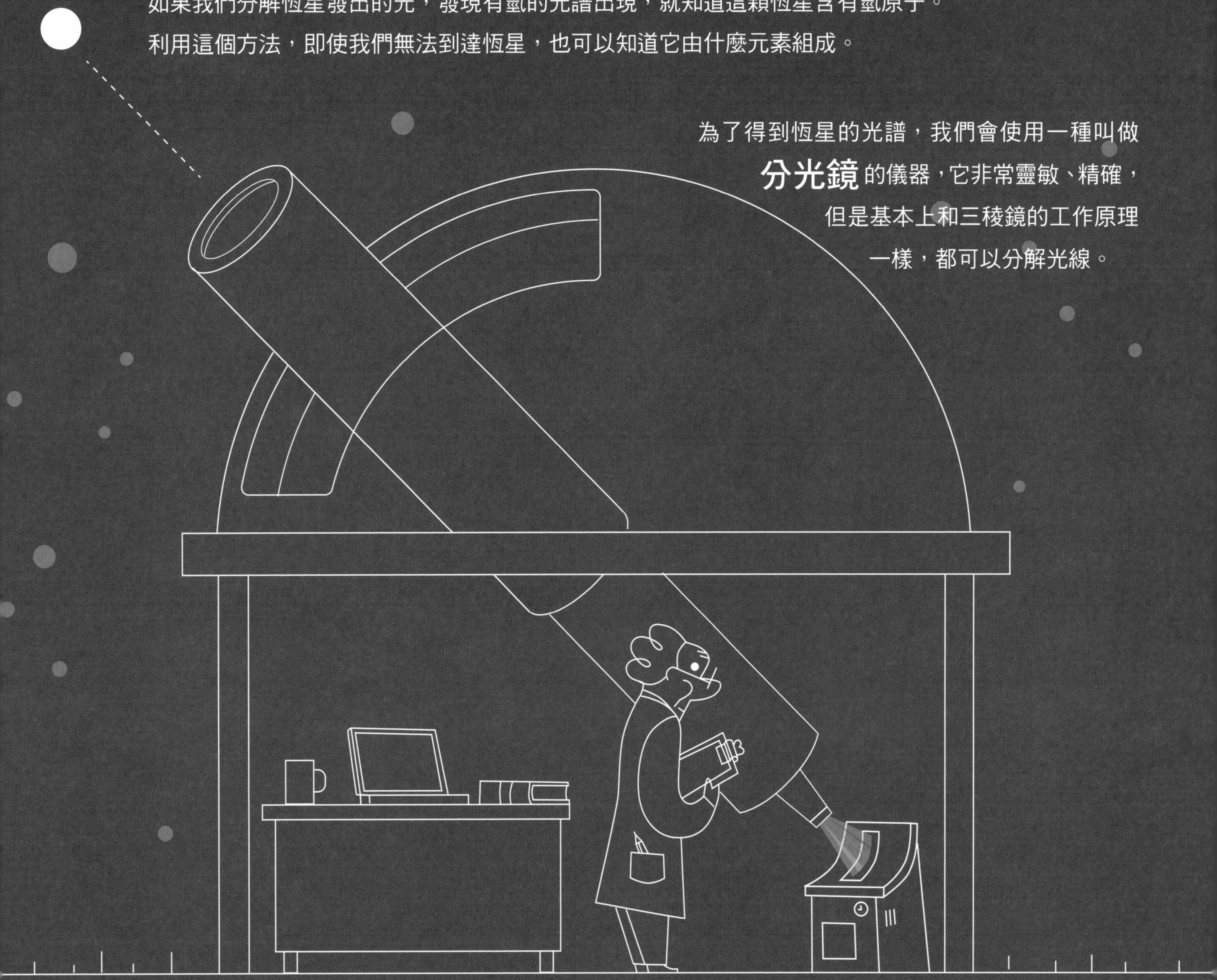

20 世紀初，物理學家已經找出許多元素的光譜，但不知道要怎麼解釋它們。

後來想出解決方案的人，是丹麥的物理學家尼爾斯·波耳。

尼爾斯 · 波耳

丹麥物理學家波耳想知道原子是什麼。

波耳想到一個好主意，可以解釋發射光譜和原子的其他現象。

他認為原子中的電子就像行星繞著太陽公轉一樣，繞著原子核外圍的軌道旋轉。但有一點不一樣：電子只會在它們感到「舒適」的**特殊軌道**上運行。

其他的軌道禁止通行，可通行的這些特殊軌道都被**量子化**了。

1

1. 電子在它感到「舒適」的軌道上悠哉繞行。

電子

瞬間
量子躍遷

被釋放的光子

4. 為了回到原來的軌道，電子會透過釋放光子把先前吸收的能量釋放出去。

4

從新的軌道跳回原來的軌道，所發出的光子顏色

原子量子化

（根據波耳提出的理論）

2. 當電子吸收能量，它會在一瞬間從原來的軌道跳躍到另一個更高的軌道上。

能量較高 ↗
的軌道

← 瞬間量子躍遷

能量較低 ↑
的軌道

← 能量

← 帶有中子和質子的原子核

這是原子量子化的最初版本。

3. 電子在新的軌道上感覺「不太舒適」，想要回到自己原來的軌道。

都一樣（有相同的頻率），這就是我們在發射光譜中看到的某條光譜線的顏色。

雙 狹 縫

這個著名的實驗展示出次原子粒子的行為有多麼不可思議！

首先,想像我們有兩把槍,一把可以發射彈珠,另一把可以發射波。我們朝著一面開有兩條狹縫的牆壁開槍。

1 發射彈珠

如果牆上只有一條狹縫,我們發射彈珠時,會看到幾乎所有彈珠擊中屏幕的位置都在這條狹縫對面。

如果兩條狹縫都開著,我們會看到彈珠擊中屏幕的位置均勻分布在兩邊。

粒子的圖像

2 發射波

如果我們對兩條狹縫發射波,會得到波的圖像(賭你猜對了!),把它畫下來會更好理解。

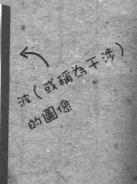

波(或稱為干涉)的圖像

1801 年,湯瑪士·楊格首先用光進行這項實驗。他從這個實驗發現光的表現就像波一樣,但這究竟是什麼波?就像我們前面提到的,光其實就是馬克士威提出的電磁波,由電場加磁場所組成。

到目前為止，一切看起來還算正常，不是嗎？
但是如果我們進入次原子的世界，對電子進行雙狹縫實驗，會發生什麼事呢？

❶ 只開啟其中一條狹縫

如果我們遮住其中一條狹縫再發射電子，會看到電子的行為就跟彈珠一樣，在屏幕上呈現出**粒子圖像**。

❷ 開啟兩條狹縫

神奇的事現在才要發生，因為這次我們看見了**波的圖像**。
電子的表現不像粒子，反而**像波**。

!? 電子怎麼知道開著的是兩條狹縫還是一條狹縫？它們會互相通風報信，再決定要用波還是粒子的方式行動嗎？它們抵達偵測器之前會先通過其中一條狹縫，再通過另一條嗎？它們怎麼知道要做什麼？

❸ 假如我們刻意觀察電子走哪邊呢？

科學家們架設儀器來「看看」電子到底通過哪一條狹縫，結果電子這時候**又表現得像粒子了**。

!? 難道電子知道我們在觀察，所以決定表現得像粒子而不是波嗎？

粒子

波

粒子

哈！

我們只能接受電子既不是波也不是粒子，它們會根據實驗來決定應該表現得像波還是像粒子，這就是波粒二象性。

前面提過，光的表現也有這種奇特的現象。

但是擁有波粒二象性的不只有電子和光子，所有其他的次原子粒子，像是質子和中子，甚至是原子本身，也都具有這種特性。甚至還有證據顯示，有些大分子也有這種雙重特性！

物質波

透過雙狹縫實驗，我們看到電子有時會表現得像波，但這是什麼東西的波？我們知道這不是像光一樣的電磁波，也不是像吉他弦一樣的力學波。

受到愛因斯坦的光量子理論啟發，法國的物理學家路易斯・德布羅意認為物質（電子）也可能會表現出波的特性。

當時很少有人認真看待他的想法，但是有個奧地利的物理學家艾爾文・薛丁格認同他，並試著找出描述物質波的波動方程式。

結果薛丁格得出了一個驚人的結論：

「物質波」是 機率波

這是什麼意思呢？

我們來看看下面這個例子：

量子自旋

自旋是粒子具有的量子性質，它會讓我們知道粒子旋轉的方向。以電子來說，它的自旋狀態只有兩種可能：自旋向上（向右旋轉）或自旋向下（向左旋轉）。

狀態 Ⓐ
自旋向上電子

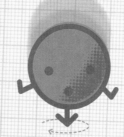

狀態 Ⓑ
自旋向下電子

我們不能確定電子在特定時刻的狀態是自旋向上還是向下。
我們唯一能知道的是，電子處於狀態 A 和狀態 B 的機率各有 50%。

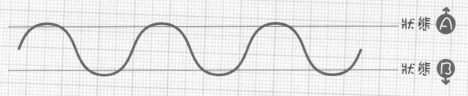

狀態 Ⓐ

狀態 Ⓑ

只有在使用儀器觀察電子狀態時，我們才能確定它是自旋 **向上** 還是自旋 **向下**。這時我們會說現實 **塌縮** 了。

讓我們來看看薛丁格如何用有名的貓實驗來解釋這個古怪的想法。

這是一個著名的假想實驗（沒有人會真的把貓關進箱子裡），薛丁格設計這個實驗的目的是用一種簡單的方式來解釋量子物理學。

第一種可能

如果粒子通過這裡，毒氣瓶就會被打開，釋放出毒氣。

瓶蓋

粒子來源

第二種可能

如果粒子通過這裡，什麼也不會發生，貓會平安活下來。

薛丁格的貓
現實塌縮

閘門

氣瓶

貓

在這個實驗中，貓被放進裝有毒氣瓶的箱子裡。毒氣瓶有 50% 的機率會被打開，也有 50% 的機率不會被打開。

在我們打開盒子看之前，貓存活的機率是 50%，死亡的機率也是 50%。

如果盒子沒有打開，我們可以說這隻貓還活著，也可以說這隻貓死了。

只有在我們打開盒子時，才會發現貓的實際狀態：牠會死掉或是活下來，但這兩個狀態不會同時發生。

當我們往盒子裡看，現實塌縮了，這時候我們才能確定貓是不是還活著。

令人難以置信的是，是我們觀察的行為迫使自然決定貓的狀態是生或死。

愛因斯坦不喜歡量子力學，因為這個理論建立在機率的基礎上，而不是建立在明確可預期的結果上。他曾經用「上帝不擲骰子」這句話來表達不滿。

海森堡：測不準原理

搭車旅行的時候，我們可以從車上的儀表板看出前進的速度有多快，同時也可以明確知道我們人在哪裡。

換句話說，我們可以準確地知道物體在某一時刻的位置和速度。

如果我們想要知道電子在某一時刻的位置和速度會怎麼樣呢？

物理學家維爾納・海森堡留意到：量子世界裡的現象總是有點反常。

他提出了有名的 測不準原理：

「我們不可能同時精準地量測到次原子粒子（例如電子）的位置和速度。」

如果我們準確地量測到電子在哪裡，就不能準確地知道它的速度有多快；反之亦然。

位置或速度，一次只能百分之百確認其中之一，不能兩者兼得。

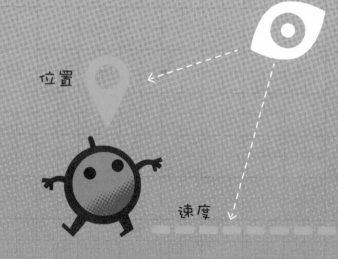

位置

速度

你測量了它，就改變了它

如果我們用顯微鏡來觀察電子，光子與電子碰撞的時候，改變了電子原本的位置，也改變了電子原本的速度。

光子

電子

啵！

光子

量子世界裡的東西實在太小了，小到「測量」這個動作一定會干擾到它們，不管我們的測量設備多麼精良都一樣。

測不準原理在巨觀的世界也適用，只是因為物體相對大得多，所以影響微乎其微。

反物質的奧祕

就像前面看到的，我們所知道的 **物質** 由原子組成，而原子

則由電子、質子還有中子這些 **粒子** 所組成。

氫原子組成的物質　　　　　　　　　　　　　　　　　　　氫原子組成的反物質

反粒子　　反物質

著名的物理學家 **保羅・狄拉克** 預測了電子的孿生子：反電子（或稱為 **正子**）的存在。這個粒子和電子一模一樣，唯一的差別是反電子帶正電，它就是電子的反粒子。

質子也一樣，它的反粒子稱為 **反質子**，也就是帶負電的質子。

一般而言，我們知道的所有粒子都有相對應的反粒子。

氫原子由一個質子和一個電子組成（它是唯一沒有中子的原子）。

我們可以用一個 **反質子** 和一個 **正子**，創造出一個 **反氫原子**。

用 **反粒子** 可以創造出 **反物質原子**。

把 **電子** 和 **正子** 放在一起會發生什麼事呢？它們會互相毀滅，生出一對光子。

如果你遇到了你的「反我」，請務必小心：千萬別握手！不然就會大爆炸！

別擔心，反物質在我們的宇宙中非常罕見。我們不知道它為什麼這麼稀少，儘管有幾種理論試著解釋這種不平衡（物質極多，反物質極少），這仍是物理學中的一個未解之謎。

量子糾纏

在量子力學中，粒子間的交互作用可能表現得像是個集體行為，這種情況被稱為量子糾纏。

無論它們的距離有多遠，其中一個粒子發生的事件，會立即影響到另一個粒子。

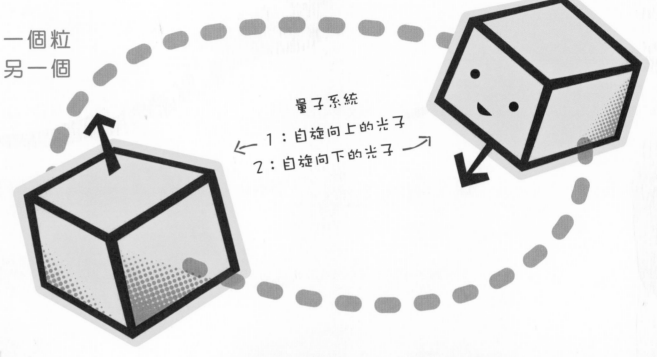

量子系統
1：自旋向上的光子
2：自旋向下的光子

在實驗室中，我們可以用兩個糾纏的光子「創造」出一個量子系統，其中一個光子**自旋向上**，另一個**自旋向下**。

我們不曉得它們各自的自旋方向，這是**隨機**的。如果我們觀察其中一個光子的狀態，得知它是自旋**向上**，那麼另一個光子一定是自旋**向下**。

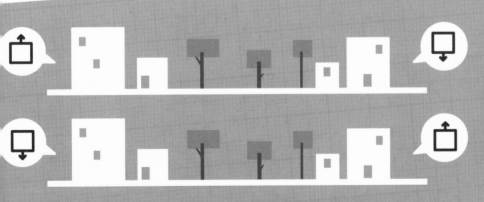

光子彼此間會遠距離溝通，就像即時傳話給對方：「嘿，這次我向上，換你向下了。」

令人難以置信的是，不管它們距離彼此多遠都沒關係，就算一個在地球，另一個在火星，同樣的事還是會發生！

我們這個宇宙遵循的定律是：沒有東西可以比**光速更快**，那麼它們怎麼可能不管距離有多遠，都能即時通訊呢？

這就是愛因斯坦說的
幽靈超距效應。

這是量子世界其中一個神奇的地方，雖然很多科學家不喜歡這個想法，但這個世界似乎就是這麼奇怪。

物理學家約翰・貝爾已經在實驗室裡多次證明量子糾纏確實存在。

亨利 · 貝克勒在 1896 年發現天然放射現象。
他發現某些含鈾的礦物質會自然地發出輻射，例如瀝青鈾礦
（這是個怪名字對吧？）。

放射線包含什麼？

有些原子的原子核很大，大到使它們感到「不適」。為了**減輕質量**，它們
會捨棄一部分，以輻射的形式釋放出來。

它們是**自發性**地這麼做，有三種不同方式：

阿爾法射線 (α)

原子核突然放出多出來的兩
個中子和兩個質子，這些中
子與質子形成一個帶正電的
氦原子核。阿爾法射線就是
帶正電的氦原子核。

伽瑪射線 (γ)

原子核將多餘的能
量以光子的形式放
出來，伽瑪射線就
是高能量的光子。

貝他射線 (β^-)

原子核將一個中子轉換成一個質
子，並放出一個電子，貝他射線就
是這些電子。

奇怪的是，某些時候情況正好相
反：一個質子會轉換成一個中子並
釋放出一個**正電子。小心點，反物
質形成囉！** 這就是 β^+ 輻射。

**無論是哪一種情況，原子都丟掉了
一點能量使自己感覺更「舒適」。**

請記住，軌道上的電子從能量較高的軌道
跳躍到能量較低的軌道時，也會以光子的
形式丟掉多餘的能量（參第 26 頁）。

放射性對生物
來說很危險。

瑪麗・居禮 是一位有名的波蘭科學家。她和她的丈夫
皮耶・居禮一起研究天然放射現象，他們發現除了鈾以外的放射
性物質：釙、釷（以她的祖國波蘭命名）和鐳。

瑪麗・居禮因為這
些發現而在 1903
年和 1911 年兩度
獲得諾貝爾獎，她是
首位獲獎兩次的人，
也是達成這項成就的
唯一一位女性。

現在醫生會將輻射應用於醫療目的。Ｘ射線用來檢查我們有沒有
骨折；輻射也用於放射療法，是治療癌症的一種方式。

放射性的發現非常重要，除了在醫學上很有用，還可以幫助我們
瞭解物質如何形成。

原子能或核能

原子可以透過核分裂和核融合產生
巨大的能量。

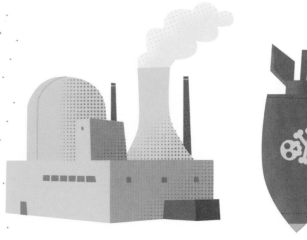

核分裂

當一個原子核分裂成兩個時，會釋放出很多能量。
在核電廠，我們利用這些能量來發電。不幸的是，
同樣的方法也被用來製造原子彈。

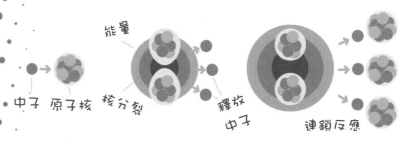

能量　　中子　原子核　核分裂　釋放中子　連鎖反應

核融合

當兩個原子核互相碰撞並結合成一個更大的原子
核時，也會產生巨大的能量。這是恆星的能量來
源，比如我們的太陽。多虧核融合，我們的星球上
才有了生命。

能量　核融合　中子

穿隧效應

你能想像可以穿透牆壁是什麼感覺嗎？那一定很酷吧？

事實證明，粒子可以**穿透能量的屏障**，不過這層屏障和我們的牆壁不太像，我們把這稱為**穿隧效應**。

首先，我們舉個日常生活中的例子來說明：

如果音樂播放得很大聲，聲音會穿透牆壁，在另一邊被聽見。

相反地，如果我們朝牆壁丟一顆球，球不會穿透牆壁，而是會反彈回來。

大部分的聲波碰到房間的牆壁時會被反彈，但有少部分會穿透牆壁，

在牆壁另一邊可以聽見微弱的聲音。

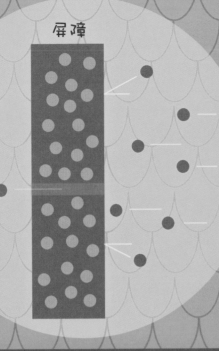

屏障

回想一下，電子因為具有波粒二象性，會以 **機率波** 的模式表現（參第 14～15、30 頁）。

當電子碰到屏障，大部分的電子波會被反彈，但一小部分的電子有機會可以穿透過去。

發生這種情況時，就好像電子從 **隧道** 穿越了屏障。

這種效應不只電子會發生，其他粒子也會發生。

既然我們也是由質子、中子和電子組成的，為什麼我們不能穿透牆壁呢？

因為跟我們有關的波非常小，穿透牆壁的可能性很低，所以可能直到宇宙毀滅了你還是沒辦法穿牆。不過還是小心點，因為這不代表它完全不可能發生。

你可以試試看往牆壁衝，不過你可能一輩子都在撞牆，最後還是沒辦法穿透它。

自由了！

它愈來愈遠了！

前面介紹**放射性**的時候提到 α 粒子逃出原子核，就是因為**穿隧效應**造成的。

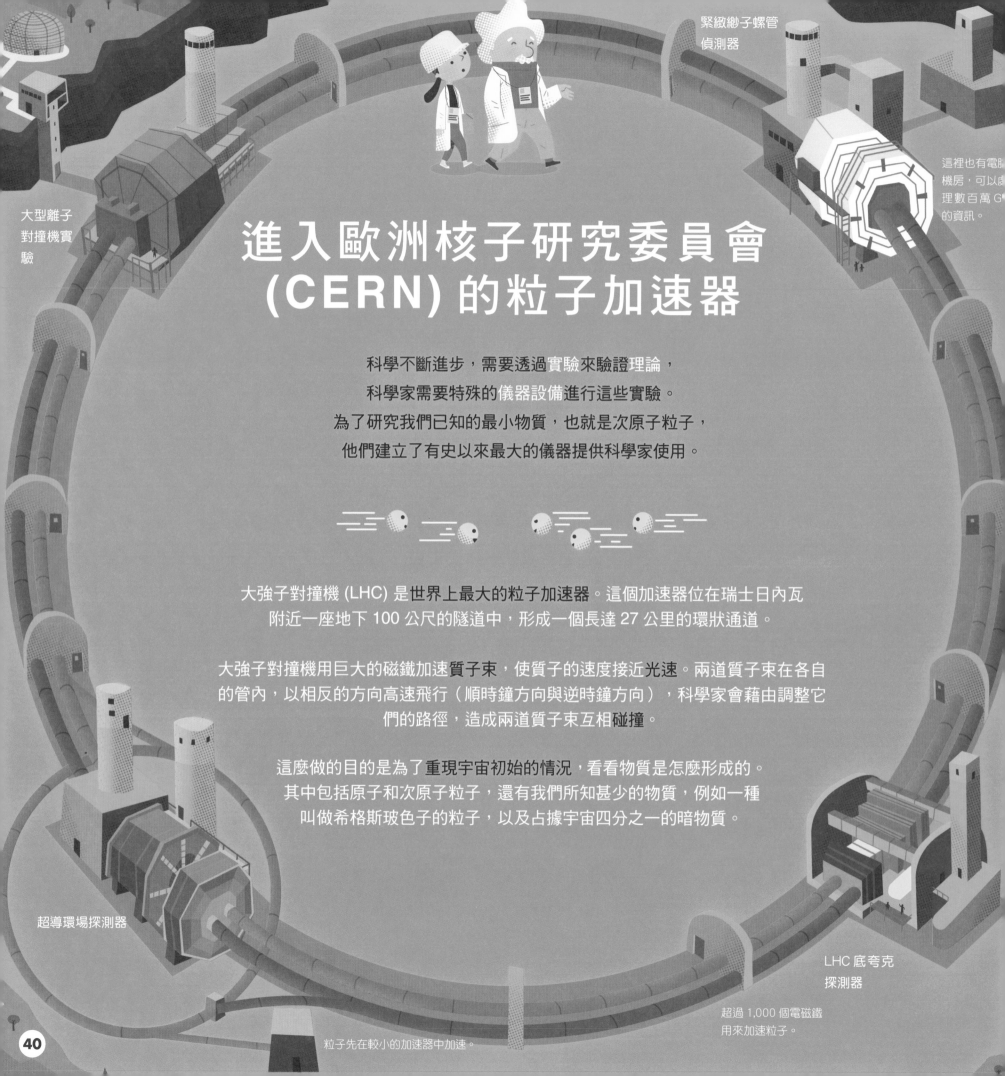

緊緻緲子螺管
偵測器

這裡也有電腦
機房，可以處
理數百萬 G⁰
的資訊。

大型離子
對撞機實
驗

進入歐洲核子研究委員會
(CERN) 的粒子加速器

科學不斷進步，需要透過實驗來驗證理論，
科學家需要特殊的儀器設備進行這些實驗。
為了研究我們已知的最小物質，也就是次原子粒子，
他們建立了有史以來最大的儀器提供科學家使用。

大強子對撞機 (LHC) 是世界上最大的粒子加速器。這個加速器位在瑞士日內瓦
附近一座地下 100 公尺的隧道中，形成一個長達 27 公里的環狀通道。

大強子對撞機用巨大的磁鐵加速質子束，使質子的速度接近光速。兩道質子束在各自
的管內，以相反的方向高速飛行（順時鐘方向與逆時鐘方向），科學家會藉由調整它
們的路徑，造成兩道質子束互相碰撞。

這麼做的目的是為了重現宇宙初始的情況，看看物質是怎麼形成的。
其中包括原子和次原子粒子，還有我們所知甚少的物質，例如一種
叫做希格斯玻色子的粒子，以及占據宇宙四分之一的暗物質。

超導環場探測器

LHC 底夸克
探測器

超過 1,000 個電磁鐵
用來加速粒子。

粒子先在較小的加速器中加速。

基本粒子

基本粒子是指那些**不是**由更小粒子組成的粒子，也就是說，我們沒辦法再把它們分割得更小。

一開始，人們認為存在的基本粒子只有組成原子的質子、中子和電子。

多虧有粒子加速器，現在我們知道質子和中子是由叫做**夸克**的更小粒子組成的。

當我們讓兩個質子在粒子加速器中以極快的速度對撞，它們會被撞碎，如此一來我們就能看見質子內部有什麼。

我們發現質子是由 3 個夸克組成的。

中子也由 3 個夸克組成。

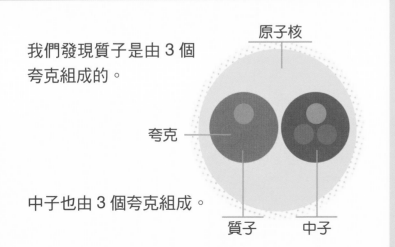

原子核
夸克
質子
中子

標準模型

這個理論描述了我們所知道的基本粒子，以及它們彼此間如何進行交互作用。

目前相信有 3 個基本粒子家族：夸克、輕子和玻色子。

夸克 形成質子和中子

		夸克		規範玻色子（傳遞力的粒子）
質量	$\approx 2.4\ MeV/c^2$ **u**	$\approx 1.275\ GeV/c^2$ **c**	$\approx 172.44\ GeV/c^2$ **t**	**g**
電荷	2/3	2/3	2/3	0
自旋	1/2	1/2	1/2	1
名稱	上夸克	魅夸克	頂夸克	膠子
	$\approx 4.8\ MeV/c^2$ **d**	$\approx 95\ MeV/c^2$ **s**	$\approx 4.18\ GeV/c^2$ **b**	**γ**
	-1/3	-1/3	-1/3	0
	1/2	1/2	1/2	1
	下夸克	奇夸克	底夸克	光子
	$\approx 0.511\ Mev/c^2$ **e**	$\approx 105.67\ MeV/c^2$ **μ**	$\approx 1.7768\ GeV/c^2$ **τ**	$\approx 91.19\ GeV/c^2$ **Z**
	-1	-1	-1	0
	1/2	1/2	1/2	1
	電子	緲子	陶子	Z 玻色子
	$<2.2\ eV/c^2$ **νe**	$<1.7\ MeV/c^2$ **νμ**	$<15.5\ MeV/c^2$ **ντ**	$\approx 80.39\ GeV/c^2$ **W**
	0	0	0	
	1/2	1/2	1/2	1/2
	電微中子	緲微中子	陶微中子	W 玻色子

輕子 · 電子家族

$\approx 125.09\ GeV/c^2$ **H** 希格斯

希格斯玻色子

不久前，歐洲核子研究委員會發現了希格斯玻色子（以發現此粒子的物理學家命名）。希格斯玻色子解釋了基本粒子為什麼有**質量**。

下次當你踏上體重計時要記得，這個粒子就是讓你體重增加的元凶！

記得，每個粒子都有反粒子。

近代物理學
在現代生活中的應用

用微波爐加熱食物

微波爐中的電磁波使食物中的水分子振動，這樣就能快速又安全地加熱它們。

用手機通訊

行動裝置（平板電腦、智慧型手機、筆記型電腦）是無窮盡的量子物件來源：觸控螢幕、LED 閃光燈、記憶卡、微處理器、內部的電路以及更多的物件。我們也在這些物件中使用半導體材料。

X 光攝影

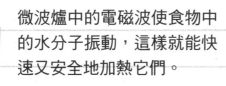

多虧能夠穿透我們的 X 光，我們可以檢查骨頭有沒有受傷。

在電磁爐上煮蛋

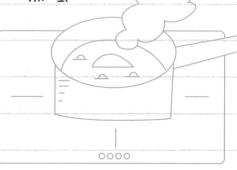

電磁爐用電磁感應的原理加熱鍋子，讓我們可以用來煮食。

現今，LED 照明已經非常普遍，LED 就是所謂的發光二極體，是一種半導體元件，它們的耗電量非常低。託量子力學的福，我們才有這樣的材料可以使用。

露營時使用 LED 燈照明

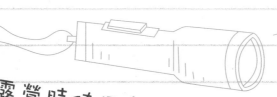

使用雷射

利用量子理論，我們可以製造一束非常集中的單色光。雷射有很多不同的用途，我們利用它們觀賞 DVD 影片、做為指示筆、手術刀，最強的雷射甚至可以切割金屬。

近代物理學
在未來生活中的應用

科學每天都帶領我們更靠近自然界過去不為人知的一面。隨著科學家的發現不斷向前推進，我們將能做到更多不可思議的事情。

量子電腦

電腦利用位元來運作，所有資訊都是由 0 和 1 所組成。在量子電腦中，我們使用的是**量子位元**，它除了具有 0 和 1 的狀態之外，還可以因為量子疊加而具有 0 和 1 之間的各種組合態。

有了量子位元，我們可以處理更龐大的資訊量，這意味著電腦的速度將比現在快上幾百萬倍。

奈米機器人

奈米機器人由極少的分子組成，它們可以住在我們的身體裡，幫助我們監測、治療疾病。

新型材料

多虧了對原子結構的瞭解，像石墨烯這樣的材料才得以被開發出來。

石墨烯有很好的柔軟度和彈性，比鋼強韌 100 倍，非常輕，而且是現有的最佳導電體之一。它可以用來建造飛機和建築物，還可以用來製造更好的電子設備和使用時間更長的電池。

量子傳輸

我們已經知道糾纏的光子彼此之間可以傳遞訊息。所以未來有可能在距離非常遙遠的兩點之間傳送大量的資訊。想像一下網路速度到時候會變得多快！

互動式眼鏡和鏡片

未來將會出現鏡片本身就能做為螢幕使用的眼鏡，看任何東西時都可以顯示出相關資訊。而且如果你不想戴眼鏡，隱形眼鏡也有同樣的功能。你能想像在你觀光的時候，有個導遊一直在眼鏡裡跟著你嗎？

可彎曲螢幕

電視和行動裝置的螢幕會變得可以彎曲。我們可以折疊螢幕，還可以把螢幕捲起來，甚至可以把螢幕變成覆蓋一整面牆的「布」。牆壁、地板或天花板都可以用來當做電視螢幕。

哲學

量子物理學對於現實是什麼提出了許多問題，所以在未來幾十年中，科學家和哲學家將不得不共同努力，面對所有的挑戰。

量子大事紀

1801- 楊格進行雙狹縫實驗

愛因斯坦提出
廣義相對論

1914 - 第一次
世界大戰爆發

第一次世界大戰結束

拉塞福發現**原子核**
（第 17 頁）

瑪麗・居禮因為放射性的
研究成果首次獲得諾貝爾獎
（第 37 頁）

1910

波耳發表他的**原子模型**
（第 26～27 頁）

狄拉克從他的方程式預
測電子的反粒子（正子）
存在（第 34 頁）

愛因斯坦發表四篇
具有開創性的文章

高斯密特和烏倫貝克
發現電子自旋
（第 30 頁）

德布羅意認為電子
也有波的性質

1920

1930

查兌克發現中子

薛丁格發現著名的
波動方程式

海森堡提出**測不準原理**
（第 32 頁）

薛丁格設計出
貓的假想實驗
（第 30～31 頁）

1974 - 單電子雙狹縫
實驗，驗證了費曼的理
論（第 28～29 頁）

貝爾不等式的
第一個實驗結果
支持**量子糾纏**理論

1980

1970

21世紀

阿斯佩用實驗證明了
量子糾纏的假設
（第 35 頁）

美國芝加哥的
費米加速器實驗室
發現底夸克（第 41 頁）

1970 年代中期 - 發展出**標準模型**
（第 41 頁）

奧地利的因斯布魯克大學
首次進行量子傳輸

1990

 44

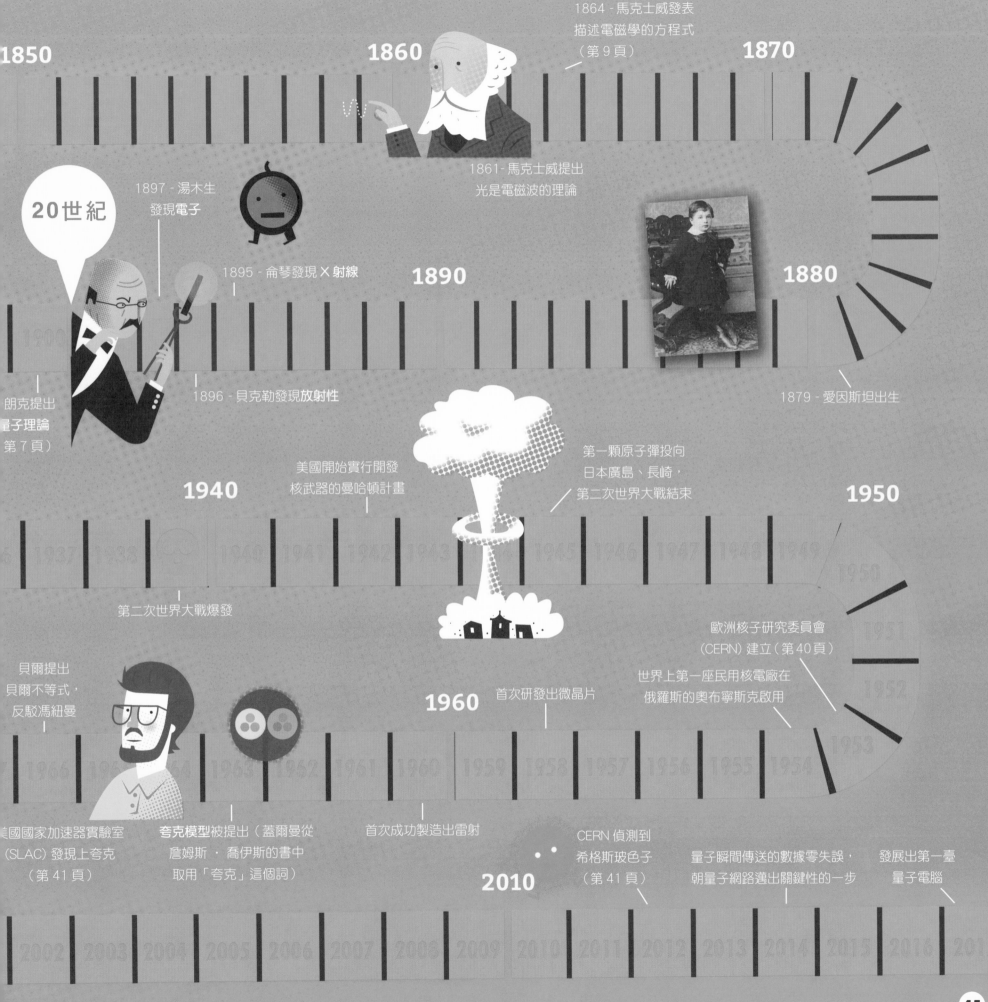

1864 - 馬克士威發表
描述電磁學的方程式
（第 9 頁）

1850

1860

1870

1861- 馬克士威提出
光是電磁波的理論

20世紀

1897 - 湯木生
發現電子

1895 - 侖琴發現 X 射線

1890

1880

朗克提出
量子理論
（第 7 頁）

1896 - 貝克勒發現放射性

1879 - 愛因斯坦出生

美國開始實行開發
核武器的曼哈頓計畫

第一顆原子彈投向
日本廣島、長崎，
第二次世界大戰結束

1940

1950

1937 | 1938 | 1940 | 1941 | 1942 | 1943 | 1944 | 1945 | 1946 | 1947 | 1948 | 1949

1950

第二次世界大戰爆發

歐洲核子研究委員會
（CERN）建立（第 40 頁）

貝爾提出
貝爾不等式，
反駁馮紐曼

1951

世界上第一座民用核電廠在
俄羅斯的奧布寧斯克啟用

1952

首次研發出微晶片

1960

1953

1966 | 1965 | 1964 | 1963 | 1962 | 1961 | 1960 | 1959 | 1958 | 1957 | 1956 | 1955 | 1954

美國國家加速器實驗室
（SLAC）發現上夸克
（第 41 頁）

夸克模型被提出（蓋爾曼從
詹姆斯・喬伊斯的書中
取用「夸克」這個詞）

首次成功製造出雷射

CERN 偵測到
希格斯玻色子
（第 41 頁）

量子瞬間傳送的數據零失誤，
朝量子網路邁出關鍵性的一步

發展出第一臺
量子電腦

2010

2002 | 2003 | 2004 | 2005 | 2006 | 2007 | 2008 | 2009 | 2010 | 2011 | 2012 | 2013 | 2014 | 2015 | 2016 | 2017

用數學看宇宙

這本書裡用文字說明的科學概念都可以用另一種語言來表達，那就是數學。數學是宇宙的語言，我們必須學習它才能理解我們周圍的現實。

以下是一些有名的方程式：

馬克士威方程式

這些方程式描述了電磁現象，告訴我們光是電磁波，而且以光速行進。

$$\nabla \vec{E} = \frac{\rho}{\epsilon_0}$$

$$\nabla \times \vec{E} = -\frac{\partial \vec{B}}{\partial t}$$

$$\nabla \vec{B} = 0$$

$$\nabla \times \vec{B} = \mu_0 \vec{J} + \frac{1}{c^2}\frac{\partial \vec{E}}{\partial t}$$

牛頓第二定律

$$\vec{F} = m\vec{a}$$

這個定律描述了物體動量改變的原因。當我們想要改變一個物體的動量時，我們必須對它施力，否則它會維持原來的狀態。

波粒二象性

薛丁格方程式

$$E|\Psi\rangle = \hat{H}|\Psi\rangle$$

這個方程式用來計算原子、分子裡的電子軌域。

海森堡的測不準原理

$$\Delta x \Delta p \geq \frac{\hbar}{2}$$

如果我們非常確定某個粒子的位置，就不能準確地知道它的速度，反之亦然。

$$\lambda = \frac{h}{p}$$

德布羅意方程式

這個方程式說明物質也可以有波的表現。

1921 年的愛因斯坦（圖源：維基百科 F.Schmutzer）

光子的能量

$$E = h\nu$$

普朗克用這個方程式將能量量子化，之後愛因斯坦用它來解釋光電效應。

質能等效原理（愛因斯坦）

這就是太陽的能量來源。

$$E = mc^2$$

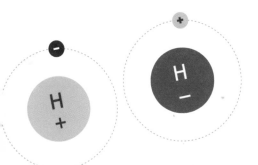

狄拉克方程式

多虧有這個方程式，我們才會發現反物質的存在。

$$(i\hbar\gamma^\mu\partial_\mu - mc)\psi = 0$$

普適常數

在這些方程式裡，有些永遠不變的數字（這就是為什麼稱之為常數），以下是三個最重要的物理常數：

普朗克常數

$$h = 6.62607004 \times 10^{-34} \text{ Js}$$

光速

$$c = 299{,}792{,}458 \text{ m/s}$$

基本電荷
（即一個電子的電量）

$$e = 1.60217662 \times 10^{-19} \text{ C}$$

致謝

沙達德 (Sheddad)

感謝迪亞哥・尤拉多（Diego Jurado）和卡理斯・穆納茲（Carles Muñoz）和我分享對物理學的熱情，幫忙校對這本書（西文版）。感謝薩爾瓦・桑奇斯（Salva Sanchis）以一位父親、藝術家和朋友的立場對本書做出的貢獻。感謝我的妻子海倫娜（Helena）幫忙修訂文本，而且總是陪在我身邊。感謝我們的兩個孩子塔雷克（Tarek）和烏奈（Unai）激發出做這本書的靈感。當然，還要感謝因瑪（Inma）。沒有他們，這本書就無法完成。

愛德華 (Eduard)

非常感謝讓這本書成為可能的人們，特別感謝梅里（Meli）、佩雷（Pere）、盧爾德斯（Lourdes）以及阿里亞德納（Ariadna）長久以來的支持和無限的耐心。感謝幫忙試讀的哈維・維拉紐瓦（Xavi Villanueva）、約瑟普・伯伊克斯（Josep Boix）、佩雷・阿爾塔萊巴（Pere Altarriba）以及皮庫・歐姆斯（Picu Oms），他們都很友善，為本書內容提供許多寶貴的建議。

感謝阿爾伯特・愛因斯坦、馬克斯・普朗克、尼爾斯・波耳、瑪麗・居禮……以及致力於科學工作的所有人，他們的貢獻讓科學持續不斷進步，再進步。